Shylaja Attur
Jyoti Zingade
Pavankumar Gujjar

Noções básicas de genética molecular

AF625336

Shylaja Attur
Jyoti Zingade
Pavankumar Gujjar

Noções básicas de genética molecular

Bases genéticas das doenças

ScienciaScripts

Imprint

Cover image: www.ingimage.com

This book is a translation from the original published under ISBN 978-620-8-41746-8.

Publisher:
Sciencia Scripts
is a trademark of
Dodo Books Indian Ocean Ltd. and OmniScriptum S.R.L publishing group

120 High Road, East Finchley, London, N2 9ED, United Kingdom
Str. Armeneasca 28/1, office 1, Chisinau MD-2012, Republic of Moldova, Europe
Managing Directors: Ieva Konstantinova, Victoria Ursu
info@omniscriptum.com

Printed at: see last page
ISBN: 978-620-8-55370-8

ÍNDICE

A genética é o estudo dos genes a todos os níveis, desde as moléculas às populações.[1] Desde o início da história da humanidade que as pessoas se interrogam sobre a forma como as caraterísticas são herdadas de uma geração para a seguinte. Embora os filhos sejam muitas vezes mais parecidos com um dos progenitores do que com o outro, a maior parte da descendência parece ser uma mistura das caraterísticas de ambos os progenitores. Séculos de reprodução de plantas e animais domésticos mostraram que as caraterísticas úteis - velocidade nos cavalos, força nos bois e frutos maiores nas colheitas - podem ser acentuadas através do acasalamento controlado. No entanto, não havia nenhuma maneira científica de prever o resultado de um cruzamento entre dois pais específicos.[2]

Em medicina dentária, deparamo-nos com inúmeras diferenças nas caraterísticas dento-faciais dos indivíduos, mesmo entre membros da família. Algumas crianças têm dentes de tamanho grande, outras podem ter uma elevada prevalência de cáries, enquanto apenas algumas têm boas oclusões. A saúde dentária é hereditária? Os três problemas mais comuns na medicina dentária atual continuam a ser a cárie dentária, as doenças periodontais e a má oclusão. Embora sempre tenha havido evidências anedóticas de uma base genética para cada um destes problemas, por exemplo, "a minha mãe também tinha dentes gessados" ou "ele herdou os dentes do pai e os maxilares da mãe" ou "as gengivas más são de família".[1,3] Uma doença genética é uma doença causada por uma ou mais anomalias no genoma, especialmente uma condição que está presente desde o nascimento (congénita). A maioria das doenças genéticas são bastante raras e afectam uma pessoa em cada vários milhares ou milhões. As doenças genéticas podem ou não ser hereditárias, ou seja, transmitidas pelos genes dos pais. Nas doenças genéticas não hereditárias, os defeitos podem ser causados por novas mutações ou alterações do ADN. Em tais casos, o defeito só será hereditário se ocorrer na linha germinal.[4]

Os seres humanos têm apenas 30 000 genes e, nos últimos anos, a explosão de conhecimentos neste domínio resultou na evolução da genética (estudo de um único ou poucos genes e dos seus efeitos fenotípicos) para a genómica (estudo de todos os genes do genoma e das suas interações). As doenças genéticas são muito mais comuns do que se pensa e do que as doenças genéticas encontradas na prática médica. Estima-se que a frequência de doenças genéticas ao longo da vida seja de 670 por 1000. Os progressos na genética e na biologia molecular resultaram no aparecimento de novos conceitos para explicar a etiologia e a patogénese de muitos processos de doença humana, incluindo as doenças oro-dentárias. Os avanços tecnológicos na biologia molecular forneceram ferramentas para estudar as alterações na estrutura dos genes que estão associadas a uma determinada doença. As perturbações no desenvolvimento normal da cabeça durante a embriogénese manifestam-se clinicamente como malformações que afectam as estruturas orofaciais e dentárias5,6

O papel de genes específicos na formação da cabeça humana teve origem no estudo do genoma de membros da família com uma determinada doença orofacial ou dentária. Nos últimos 30 anos, a descoberta e a disponibilidade de marcadores genéticos no genoma humano permitiram a análise do código genético responsável por estas perturbações. Além disso, as técnicas de clonagem e sequenciação; contribuíram grandemente para a identificação de genes específicos responsáveis por estes defeitos.[6]

Os avanços na genética molecular e o projeto do genoma humano proporcionaram progressos substanciais no que diz respeito à identificação dos genes envolvidos na patogénese das doenças humanas. Estas incluem doenças dentárias que afectam a formação do esmalte e da dentina e anomalias no número de dentes. As doenças genéticas que afectam a estrutura dentária têm sido classificadas pelo tecido afetado (esmalte, dentina), pela sua especificidade (sindrómicas, não sindrómicas) e pelo seu padrão de hereditariedade: autossómico dominante, autossómico recessivo ou recessivo ligado ao X[7].

O objetivo é discutir os aspectos genéticos das doenças dentárias mais comuns e das síndromes associadas da região da cabeça e do pescoço.

HISTÓRIA DA GENÉTICA

De Mendel às Moléculas: Uma breve história da genética[9]		
1	 Charles Darwin	1859- publica A Origem das Espécies, no qual promove a teoria da seleção natural
2	 Gregor Mendel	1866 - um monge austríaco, publica as suas descobertas sobre as leis da herança baseadas em experiências, iniciadas em 1857, com plantas de ervilha. As suas investigações lançaram as bases para os estudos sobre a hereditariedade no século XX e nos anos seguintes. É considerado o "pai da genética".

3	 Walter Fleming	1882- Biólogo alemão, ao corar células com corantes, descobre corpos em forma de bastonete a que chama "cromossomas."
5	 William Bateson	1906- O termo "genética" é utilizado pela primeira vez por William Bateson.
6	 Wilhelm Johannsen	1909- O botânico dinamarquês Wilhelm Johannsen propõe o termo "gene" para designar um fator hereditário mendeliano. Propõe também dois termos, genótipo e fenótipo, para distinguir entre a composição genética de pessoa e a sua aparência exterior.
8	 Colin MacLeod & Oswald Avery	1944- Relata provas de que, pelo menos nas bactérias, a molécula que transporta a informação genética é o ácido desoxirribonucleico (ADN)

11		Joe Hin Tjio	1955- Determina que o número de cromossomas nos seres humanos é 46. (Durante 30 anos, acreditou-se que o número era 48)
12		Sydney Brenner	1961- Identificar o papel do ácido ribonucleico (ARN). Determinam que o ARN mensageiro (ARNm) é a molécula que transporta a informação genética do ADN no núcleo para o citoplasma e que a célula utiliza o ARNm para produzir proteínas específicas.
14		Fred Sanger	1977- Desenvolve o método de terminação de cadeia para sequenciação de ADN. Muitos dos actuais sequenciadores automáticos de ADN utilizam os princípios subjacentes ao método de Sanger.
15		David Botstein	1978- Descobre, juntamente com outros, um tipo muito útil de polimorfismo do ADN, denominado polimorfismo de comprimento de (RFLP)fragmentos de restrição . Os RFLPs encontram-se em todo o genoma e são extremamente valiosos como marcadores genéticos em estudos de genética humana.

16	 Kary Mullis	1980- Kary Mullis e outros na Cetus Corporation inventam uma técnica para fazer muitas cópias de uma sequência específica de ADN: a reação em cadeia da polimerase (PCR).
17	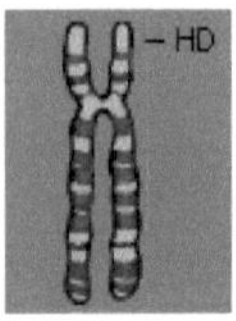 Cromossoma	1983-O gene de uma doença genética humana é localizado num cromossoma humano específico. O primeiro teste genético para uma doença (Huntington) foi desenvolvido baseado nesta descoberta
18	 Alec Jeffreys	1984- Introduz a recolha de impressões digitais de ADN como método de identificação.
20	 James Watson	1989- É criado o Centro Nacional de Investigação do Genoma Humano. Foi dirigido por James Watson e supervisiona o esforço de 3 mil milhões de dólares dos EUA para mapear e sequenciar todo o ADN humano.

21	 W.F. Anderson	1990- É lançado o Projeto Genoma Humano, um esforço internacional para sequenciar todo o ADN e mapear todos os genes do ser humano. W.F. Anderson, nos EUA, relata a primeira terapia genética bem sucedida em humanos
23	 Craig Venter	1995- A primeira sequência completa do genoma de um organismo vivo, com exceção de um vírus, foi concluída para a bactéria Hemophilus influenzae por Craig Venter na Celera. Uma colaboração de cientistas relata a sequenciação do genoma completo de um organismo complexo, a levedura de padeiro.
25	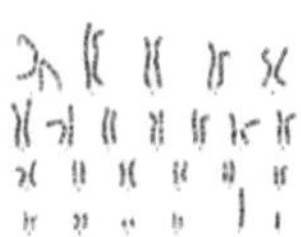	1999-Primeiro cromossoma humano sequenciado: o cromossoma 22
26		O cromossoma 21 foi sequenciado. Um esboço do genoma humano foi concluído e publicado pelo Projeto Genoma Humano e por Celera.

27	 50 anos de ADN	2003 - Publicação da sequência completa do cromossoma Y humano.

A célula

O universo é constituído por objectos não vivos e por organismos vivos (animados). Os primeiros são estáticos, sem vida, não sensuais e não se reproduzem, enquanto os segundos têm vida, sensação, dinamismo e são dotados da capacidade de se reproduzirem. A unidade estrutural e funcional de todos os organismos vivos é a célula[8] . A "teoria celular" foi proposta por Schleiden e Schwann, em 1838, e por Virchow, em 1855, segundo os todos os organismos são compostos por uma ou mais células e estas células só surgem a partir de células pré-existentes. Um organismo pode ser tão pequeno como unicelular ou tão grande como um elefante, consistindo em biliões de triliões de células[8].

Este imenso número de células é o resultado de aproximadamente 50 ciclos de divisão celular, começando com um óvulo fertilizado. Cada célula é constituída por um citoplasma de coloração clara e um núcleo de coloração escura. A membrana celular é constituída por uma bicamada de fosfolípidos. O citoplasma contém o citosol com vários organelos celulares, como o retículo endoplasmático, as mitocôndrias, os ribossomas, o aparelho de golgi, os lisossomas, etc.[9,10]

O núcleo está envolvido por um invólucro nuclear e contém cromatina, que são cromossomas constituídos por genes. Os genes são constituídos por uma substância química chamada ADN (ácido desoxirribo nucleico). Os cromossomas e os genes estão contidos no núcleo de todas as células, com exceção dos glóbulos vermelhos que não têm núcleo. Um pequeno número de genes também está presente nas mitocôndrias que são herdadas exclusivamente de o oócito levando a o materno padrão de herança.[2,9,10]

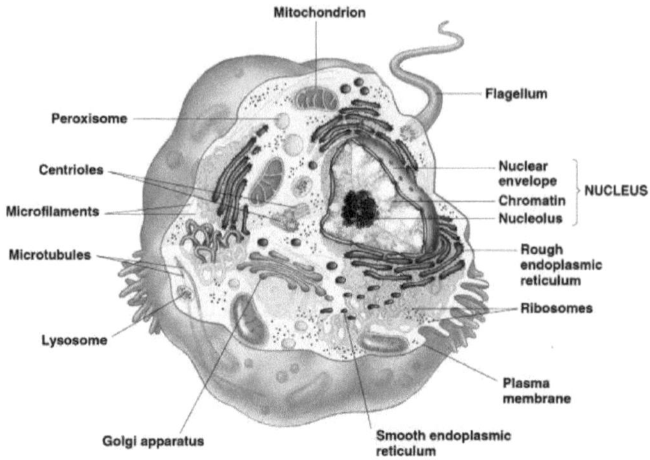

Fig. 1 Estrutura celular normal ADN - O material hereditário

Em 1953, Watson, Crick e Wilkin, com recurso à difração de raios X, estabeleceram que a molécula de ADN é composta por duas cadeias de polineucleótidos dispostas numa dupla hélice. Cada cadeia é constituída por uma espinha dorsal de açúcar pentose alternado (D-2-desoxirribose) e moléculas de fosfato e as duas cadeias são mantidas juntas por ligações de hidrogénio entre as bases azotadas, que estão ligadas aos açúcares como grupos laterais e apontam para o centro da hélice. As bases são de dois tipos, purinas e pirimidinas.[9]

1. As bases purínicas têm uma estrutura de anel duplo e incluem a adenina (A) e a guanina (G).[10]

2. As bases piramidinas têm um único anel e incluem a timina (T) e a citosina (C).[1]

Uma purina numa cadeia emparelha sempre com uma piramidina na outra cadeia. Em condições normais, o emparelhamento de bases é específico:-

1. A adenina emparelha-se com a timina através de duas ligações de hidrogénio e é representada por A=T.
2. A guanina emparelha-se com a citosina através de três ligações de hidrogénio representadas por, G ≡ C.

No duplex de ADN, a extremidade 5' de uma cadeia é oposta à extremidade 3' da outra, têm orientações opostas e diz-se que são antiparalelas. As duas cadeias de ADN são complementares uma à outra. Se a sequência de uma cadeia for conhecida, a composição de bases da outra cadeia pode ser formulada. As sequências de bases e o número de nucleótidos do ADN são específicos e diferentes em genes diferentes.[11]

- Os pares de bases nucleotídicas estão empilhados com um espaçamento de 3,4A
- Ligação de hidrogénio entre a purina e a pirimidina através das duas cadeias
- Cada par de bases sofre uma rotação de ^{36o} em relação ao par adjacente, 10 pares de bases por volta helicoidal
- O diâmetro da dupla hélice é de 20A
- 2 sulcos helicoidais internos - sulco maior e sulco menor - ambos são suficientemente grandes para permitir que as moléculas de proteína entrem em contacto com os pares de bases.
- Nos nucleótidos emparelhados, o componente de açúcar de uma

cadeia fica virado para cima, enquanto o açúcar da outra cadeia fica virado para baixo.

- As duas cadeias de ADN são complementares e correm em paralelo com o terminal 3'-OH numa cadeia adjacente ao terminal 5'-P na cadeia complementar.[9,11]

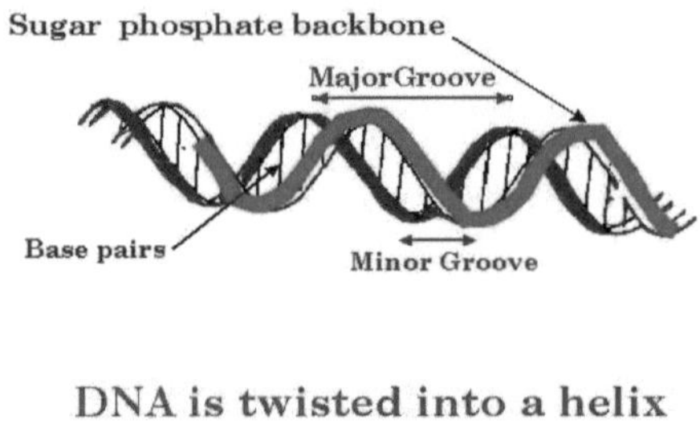

Fig. 2 Estrutura do ADN

Funções da molécula de ADN

1. Replicação do ADN
2. Biossíntese de ARN
3. Biossíntese de proteínas

Replicação do ADN:

A replicação do ADN tem lugar na fase S do ciclo celular. Durante a divisão nuclear, as duas cadeias da molécula de ADN separam-se e cada uma actua como um modelo. A replicação do ADN começa em vários pontos da dupla hélice de ADN e progride em ambas as direcções para formar uma forquilha de replicação em forma de Y, que acaba por dar origem a duas moléculas filhas completas após uma separação completa.

A replicação é um processo enzimático e envolve várias enzimas como a ADN helicase, a ADN polimerase, a ADN primase, juntamente com uma série de proteínas de ligação de cadeia simples.[11]

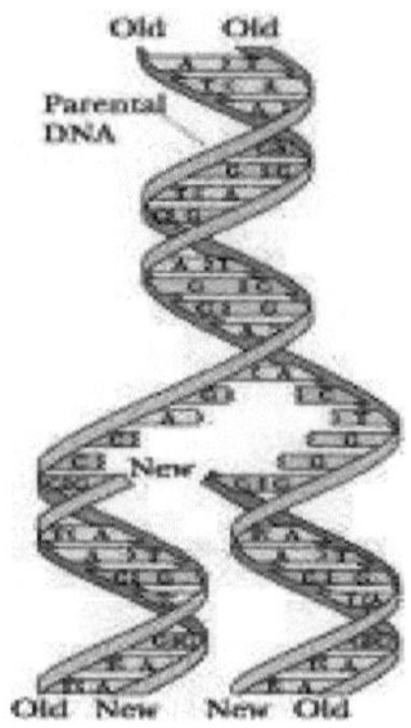

Fig.3 ADN de dupla hélice

Biossíntese do ARN:

A molécula de ADN também actua como modelo para a síntese de ARN. Mas, ao contrário da replicação do ADN, apenas uma das duas cadeias da molécula de ADN actua como modelo para o ARN. O ARN sintetizado transmite a mensagem genética e decifra a síntese de uma cadeia polipeptídica específica de proteínas através da ligação linear de aminoácidos. O dogma central da genética molecular inclui:

ADN→ ARN, por um processo de transcrição, e ARN → proteínas, por tradução.

O ARN difere do ADN em três pontos básicos

- Possui normalmente uma cadeia de polinucleótidos de cadeia simples

- O açúcar pentose é a D-ribose
- Das quatro bases orgânicas, três são semelhantes às do ADN (A, G, C) e a quarta é o Uracil em vez da Timina.

Durante a transcrição do ADN para o ARN, a guanina emparelha-se com a citosina e a adenina emparelha-se com o uracilo.[11]

O ARN existe em três formas.

- ARN mensageiro (ARNm)
- ARN ribossómico (ARNr)
- ARN de transferência (ARNt)

Biossíntese de proteínas:

A sequência de aminoácidos na cadeia polipeptídica forma a estrutura primária das proteínas e é regulada pela sequência de bases do ADN, através dos códons do ARNm. Embora 20 aminoácidos diferentes estejam envolvidos na formação da estrutura primária das proteínas, isso não significa necessariamente que todos os aminoácidos, numa sequência linear, se devam reunir para formar uma proteína específica. O grupo livre numa das extremidades da cadeia polipeptídica é conhecido como extremidade N-terminal. O grupo carboxilo na outra extremidade da cadeia é designado por extremidade C-terminal. [11] Cada aminoácido na cadeia é chamado de resíduo.[11] A biossíntese de proteínas envolve três processos:

a. Início da cadeia

b. Alongamento da cadeia

c. Terminação da cadeia.

Iniciação da cadeia: A subunidade 40 S do ribossoma associa-se primeiro à capa 5' do ARNm e, em seguida, percorre o ARNm a jusante, de forma semelhante a um fecho de correr, até encontrar o códão de iniciação AUG, onde o ARNt formulado se liga à subunidade 60 S do ribossoma. A iniciação é regulada por uma proteína denominada fator de iniciação do alongamento.[9,11]

Alongamento da cadeia: é afetado pela ligação peptídica com a ajuda da transferase peptídica, que desliga o ARN formil-amino-acil-t.

Terminação da cadeia: A terminação da cadeia polipeptídica é assinalada pelo códão terminal UAG, UGA ou UAA. A cadeia polipeptídica é então libertada no citoplasma ou no retículo endoplasmático rugoso.[9,11]

CÓDIGO GENÉTICO

Em 1961, Nirenbrg e Matthaei provaram in-vitro que três bases consecutivas do ARNm codificam um aminoácido específico. Este facto é designado por CÓDIGO TRIPLETAR ou CÓDONOS.[11]

A biossíntese de proteínas, juntamente com o ARNm, ocorre na direção 5'→ 3'. A sequência linear de 20 aminoácidos diferentes forma a estrutura primária das proteínas, que é regulada pelos códons RNAm e, portanto, pelas bases complementares do DNA. Uma vez que três bases consecutivas do ARNm são específicas para um aminoácido, o número possível de combinações de quatro bases tomadas de cada vez seria ^{43} ou 64. Todos os 64 códons são descobertos especificando diferentes aminoácidos.

Apenas três códons, ou seja, UAG, UGA e UAA, não codificam nenhum aminoácido e, por isso, são chamados de códons sem sentido ou códons terminais, que sinalizam a terminação da cadeia polipeptídica[9,11].

CROMOSSOMOS

São constituídos por super-espirais de genes que, por sua vez, são por ADN. São estruturas semelhantes a fios, profundamente coradas, dentro do núcleo de cada célula animal, que podem ser vistas durante a divisão celular.[9] A palavra cromossomas deriva do grego chroma (=cor) e soma (=corpo).10 O empacotamento do ADN em cromossomas envolve várias ordens de enrolamento e dobragem do ADN. Para além do enrolamento primário da dupla hélice de ADN, existe um enrolamento secundário em torno de histonas esféricas que formam os nucleossomas. Há um enrolamento terciário dos nucleossomas para formar as fibras de cromatina, que formam longas alças num andaime de proteínas ácidas não histónicas, que são enroladas num rolo apertado para formar o cromossoma. Toda esta estrutura constitui o modelo solenoide da estrutura dos cromossomas.[10,11]

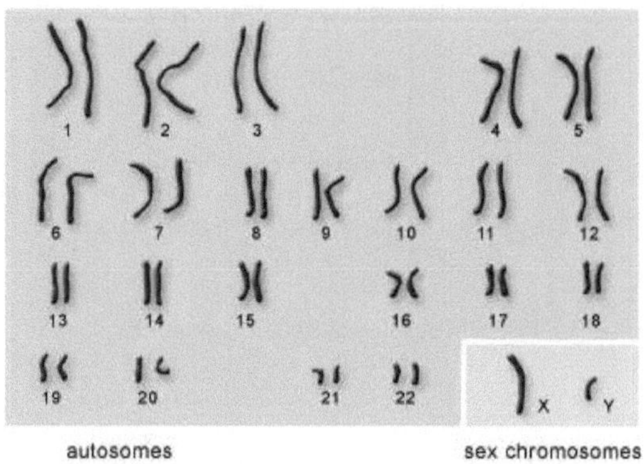

Fig.4 Pares de cromossomas

Existem 46 cromossomas em cada célula somática de um ser humano normal, dispostos em pares de 23 pares. 22 pares são conhecidos como AUTOSSOMOS, os genes que regulam os caracteres corpo ; o par restante é conhecido como os cromossomas sexuais, uma vez que regulam principalmente os caracteres sexuais. Um membro de cada par é de origem paterna e o outro de origem materna. O emparelhamento tem lugar entre cromossomas idênticos, que são idênticos em comprimento, posição do centrómero, padrões de ligação e distribuição dos genes. Os cromossomas emparelhados são conhecidos como cromossomas homólogos. Nas mulheres, os dois cromossomas sexuais são idênticos em comprimento e são simbolizados por XX. Nos homens, os cromossomas sexuais têm comprimentos desiguais e são simbolizados por XY. O mais longo é representado por X e o mais curto por Y. Os cromossomas estão divididos em dois braços: um braço curto, chamado braço `p', e um braço longo, chamado braço `q'.[9,11,12]

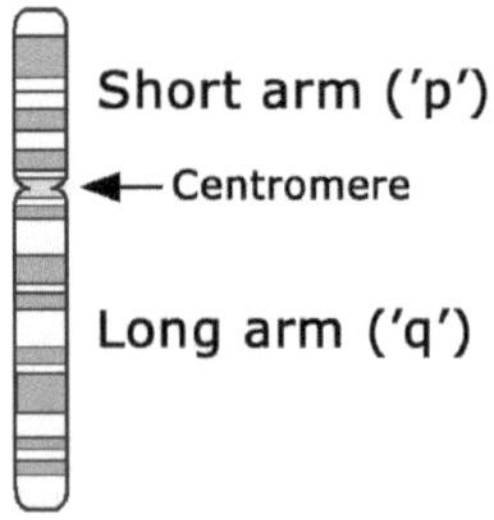

Fig. 5 Morfologia do cromossoma

No óvulo, as fêmeas têm 22 autossomas e um cromossoma X, enquanto os machos têm 22 autossomas e um cromossoma X ou Y nos seus espermatozóides. Durante a meiose, a fertilização de óvulos e espermatozóides leva à formação de gâmetas que produzem quatro células haplóides ou gâmetas, cada uma com 23 cromossomas, a partir de uma célula-mãe diploide. A maioria das anomalias cromossómicas é causada por erros que ocorrem durante a meiose. Os gâmetas formados podem conter cromossomas em falta ou adicionais ou cromossomas com estrutura alterada.[10,11,13]

GENES

Cada cromossoma é constituído por um longo e fino fio de ADN que se enrola como uma bola de fio. Se o ADN fosse esticado, pareceria contas num fio. Cada uma destas contas de ADN chama-se gene e é um pedaço de informação genética. Cada cromossoma é constituído por milhares de genes.[9,10,11]

Cada gene tem a sua própria localização específica no cromossoma. Uma vez que os cromossomas vêm aos pares, existem duas cópias de cada gene em cada célula. A exceção a esta regra aplica-se aos genes transportados nos cromossomas sexuais: o X e o Y. Uma vez que os homens têm apenas uma cópia do cromossoma X, têm apenas uma cópia de todos os genes transportados no cromossoma X.[13]

As mulheres têm duas cópias do cromossoma X nas suas células e, por isso, têm duas cópias dos genes transportados no cromossoma X. Para que os machos e as fêmeas tenham o mesmo número de genes do cromossoma X "activos" nas suas células, nas fêmeas um dos cromossomas X está "desligado" ou inactivado. Os genes do cromossoma Y são responsáveis principalmente pelo desenvolvimento da "masculinidade" apenas.[9,10,13]

Estima-se que existam cerca de 30.000 pares de genes em cada célula e estes genes constituem o projeto genético de uma pessoa. O Projeto Genoma Humano mapeou a localização de todos os genes nas células humanas, com exceção de alguns.[10]

Os genes contêm instruções para a produção de proteínas. Estas proteínas tornam-se os componentes estruturais das células e as enzimas que causam alterações químicas no corpo. A informação contida nos genes tem a forma de um código químico (ADN), frequentemente designado por código genético.[2,9]

Quando o código de um gene é alterado de alguma forma, é transmitida uma mensagem diferente às células do corpo. Estas alterações incluem uma variação na sequência de letras da mensagem, uma eliminação ou inserção de letras individuais ou uma ou mais "palavras" de três letras. Até mesmo a deleção de um gene inteiro pode ocorrer.[10,11]

As alterações nos genes podem ocorrer por várias razões, incluindo a exposição a radiações ou a determinados produtos químicos. No entanto, o envelhecimento é uma das causas mais comuns de alterações genéticas. É importante referir que alguns genes defeituosos (mutados) podem não causar qualquer problema. Todos nós nascemos com vários genes defeituosos. Quando os genes defeituosos estão contidos no óvulo ou no , podem ser transmitidos aos filhos. [10]

ALTERAÇÕES NO CÓDIGO GENÉTICO

Mutações nos genes

Uma mutação é definida como uma alteração hereditária ou uma mudança na estrutura do ADN que pode ser transmitida de uma célula para a sua descendência. As mutações são geralmente prejudiciais. Podem surgir através da exposição a agentes mutagénicos, mas a grande maioria ocorre espontaneamente através de erros na replicação e reparação do ADN.[14]

Uma mutação que surge numa célula somática não pode ser transmitida à descendência, ao passo que se ocorrer no tecido gonadal ou num gâmeta pode ser transmitida às gerações futuras.[9,14]

ALTERAÇÕES NOS CROMOSSOMAS

Uma doença cromossómica ocorre quando um indivíduo é afetado por uma alteração no número, tamanho ou estrutura dos seus cromossomas. Esta alteração na quantidade ou disposição da informação genética nas células pode resultar em problemas de crescimento, desenvolvimento e/ou funcionamento dos sistemas do organismo. As alterações cromossómicas podem ser herdadas de um dos pais.[11,12]

Existem dois tipos principais de alterações cromossómicas que podem ocorrer: alterações no número de cromossomas e alterações na estrutura dos cromossomas.[11,12]

ALTERAÇÕES NO NÚMERO DE CROMOSSOMAS

Normalmente, existem 23 pares de cromossomas (46 no total) em todas as células do corpo, exceto no óvulo e no esperma. Durante a formação do óvulo ou do espermatozoide, os pares separam-se de modo a que apenas uma cópia de cada um dos 23 pares de cromossomas se encontre normalmente em cada ou espermatozoide. Por vezes, ocorrem erros na separação dos pares de cromossomas quando os óvulos ou espermatozóides são formados. O resultado é que alguns dos óvulos ou espermatozóides podem ter um cromossoma extra (24 cromossomas) ou a perda de um cromossoma (resultando em 22 cromossomas).[12]

Quando um espermatozoide ou um óvulo que contém os 23 cromossomas habituais se combinam na conceção com um óvulo ou espermatozoide que contém um número de cromossomas alterado, o resultado é um embrião com muito poucos ou demasiados cromossomas. Por exemplo, 47 ou 45 em vez dos habituais 46,[12]

Quando existem mais cópias de determinados cromossomas do que o normal: Podem existir cópias extra dos autossomas ou dos cromossomas sexuais. Cópia extra de um *cromossoma numerado (um autossoma)* O exemplo mais comum de uma condição cromossómica observada em recém-nascidos que se deve a uma cópia extra de um autossoma é a chamada síndrome de Down. Os indivíduos com esta condição têm 47 cromossomas nas suas células em vez de 46, devido a três cópias do cromossoma número 21 em vez das habituais duas.

Por isso, a síndrome de Down é também designada por trissomia 21.[12] Os citogeneticistas descrevem a alteração cromossómica como 47, XX+21 para o sexo feminino e47, XY+2 para o sexo masculino.

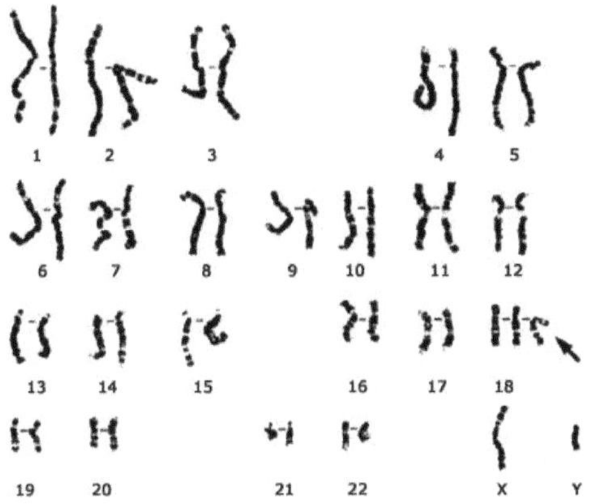

Fig.6 Cópia extra de um cromossoma numerado

Outras alterações relativamente comuns no número de autossomas incluem a trissomia 13 (3 cópias do cromossoma número 13) e a trissomia 18 (3 cópias do cromossoma número 18) (Fig. 6). Os bebés que nascem com estas alterações cromossómicas em todas as células do seu corpo apresentam uma série de deficiências graves e, normalmente, não sobrevivem para além da infância ou da primeira infância.[12]

Cópia extra de um cromossoma sexual (um X ou Y):

Ter cópias extra dos cromossomas X ou Y (os cromossomas sexuais) também pode causar problemas. Um exemplo é a síndrome de Klinefelter, que se deve a um cromossoma X extra num homem e é descrita como 47, XXY. Apesar de existirem 2 cópias do cromossoma X, a presença de um cromossoma Y faz com que uma pessoa seja do sexo masculino, independentemente do número de cromossomas X.[12]

Quando existem menos cópias de determinados cromossomas do que o normal: Um exemplo disto é o caso dos cromossomas sexuais. Por exemplo, as raparigas que nascem com síndrome de Turner têm 45 cromossomas nas suas células em vez de 46. Isto acontece porque existe apenas uma cópia do cromossoma X em vez das duas cópias habituais. Os citogeneticistas referem-se a esta condição como monossomia X e escreve-se 45, X. Na maioria dos casos, a perda de um cromossoma inteiro é incompatível com a vida e resultará em aborto espontâneo ou nado-morto.[12]

Quando existem cópias extra de todos os cromossomas: Por vezes, os bebés são concebidos com 3 cópias de cada cromossoma em vez das 2 habituais e têm um total de 69 cromossomas em cada célula em vez de 46. Esta situação é descrita como triploidia e é incompatível com a vida.[12]

ALTERAÇÕES NA ESTRUTURA DOS CROMOSSOMAS

Nestas condições cromossómicas, ocorre a quebra dos cromossomas e o rearranjo de algum do material cromossómico. Os rearranjos estruturais incluem translocações, inversões, anéis, deleções e outras alterações que são muito ocasionalmente observadas pelos cientistas.

1. Translocações cromossómicas

Translocação (Trans = através; localização = lugar) é o termo utilizado para descrever um rearranjo do material cromossómico envolvendo dois ou mais cromossomas.

a. Translocações recíprocas

São o tipo mais comum de translocação, ocorrendo em cerca de 1 em cada 930 pessoas na população em geral. A translocação surge quando ocorre uma troca de material cromossómico entre dois cromossomas diferentes. Podem ocorrer entre qualquer um dos cromossomas e envolver pedaços de qualquer tamanho.[12]

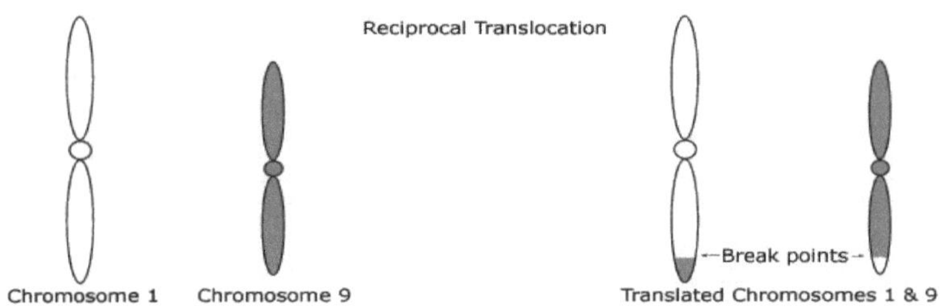

Fig.7 Translocações recíprocas

b. Translocações Robertsonianas

Batizados com o nome de um cientista americano, envolvem apenas rearranjos entre determinados cromossomas: os números 13, 14, 15, 21 e 22. São relativamente comuns e encontram-se em cerca de 1 em cada 1000 pessoas na comunidade em geral.[11,12]

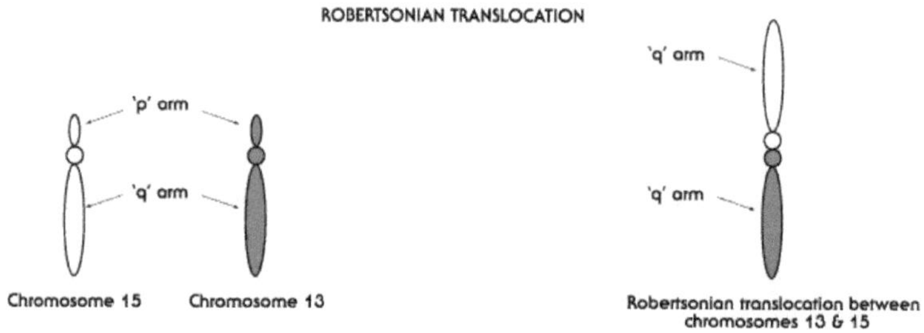

Fig.8 Translocações Robertsonianas

2. Deleções (perda de material cromossómico)

Uma pequena parte de um cromossoma pode ser perdida ou eliminada durante a formação do óvulo ou do espermatozoide. Se o material em falta contiver informação importante para o desenvolvimento e funcionamento do corpo, pode resultar numa doença genética. As grandes deleções são geralmente incompatíveis com a vida. As deleções podem ocorrer em qualquer parte do comprimento de um cromossoma.[12]

3. Duplicações (ganho de material cromossómico)

Uma pequena parte de um cromossoma pode ser aumentada ou duplicada ao longo do seu comprimento. Esta resulta em alterações no número de genes presentes e pode resultar num problema de saúde, desenvolvimento ou crescimento.[12]

4. Inversões e anéis

Por vezes, os cromossomas torcem-se sobre si próprios, ou seja, invertem-se, ou unem-se nas extremidades para formar um anel em vez da forma habitual de bastonete. Durante a formação do anel, pode algum material genético. Além disso, a estrutura dos cromossomas pode causar problemas quando estes se dividem para formar o óvulo ou o espermatozoide. As inversões e os anéis podem causar problemas no desenvolvimento físico e/ou mental da geração seguinte devido a um desequilíbrio do material cromossómico.[12]

5. Dissomia uniparental

A dissomia uniparental ocorre quando ambos os membros de um par de cromossomas provêm de um só progenitor. Por exemplo, em vez de uma criança herdar um cromossoma número 15 da mãe e outro do pai, como é habitual, ambos os cromossomas número 15 provêm da mãe ou do pai.[12]

MOSAICISMO

É definido como a presença num indivíduo ou num tecido de duas ou mais linhas celulares que diferem na sua constituição genética, mas que derivam de um único zigoto. O mosaicismo cromossómico resulta normalmente da não-disjunção que ocorre numa divisão mitótica embrionária precoce, com a persistência de mais do que uma linha celular.[9,11,12]

As proporções de células com alterações cromossómicas e de células normais podem ser bastante variáveis e podem também variar entre as células de diferentes tecidos do corpo. Por exemplo, uma pessoa com mosaico de trissomia 21 pode ter a alteração cromossómica em 60% das células da sua pele e em apenas 5% das suas células sanguíneas.[11,12]

IMPRESSÃO GENÓMICA

A expressão de um pequeno número dos cerca de 30.000 genes existentes nas células depende do facto de a cópia do gene ter sido transmitida pelo pai ou pela mãe. Este processo, em que a expressão de uma cópia de um gene é alterada consoante tenha sido transmitida ao bebé através do óvulo ou do espermatozoide, é designado por impressão genómica.

O termo "imprinting" refere-se ao facto de alguns cromossomas, segmentos de cromossomas, ou alguns genes, estarem marcados com uma "memória" do progenitor de onde provêm. O imprinting genómico foi observado nas síndromes de Pader-Willi e Angleman.[11]

DOENÇAS E PERTURBAÇÕES GENÉTICAS

Aproximadamente 2%-3% de todos os recém-nascidos nascem com uma anomalia congénita grave e mais 2-3% dos bebés e das crianças apresentam anomalias congénitas até aos 5 anos de idade. A genética desempenha um papel em 40%-50% das mortes infantis, 5%-10% dos cancros comuns e mais de 50% dos problemas médicos da população idosa. Cerca de 4% dos genes humanos contribuem de forma significativa para as doenças. Até à data, são conhecidas 5000 síndromes genéticas, das quais 700 têm defeitos dentários-craniofaciais e mais de 250 têm fendas associadas. A fenda facial é um fenótipo clínico associado à herança genética mendeliana (mutações de um único gene), e a fenda facial também se apresenta em doenças humanas complexas que são poligénicas, envolvendo múltiplos genes e múltiplos factores ambientais. Mutações em muitas classes diferentes de genes causam defeitos craniofaciais-dentários-orais.[15,16]

As doenças genéticas são classificadas em termos gerais como[15]

1) Doenças de um único gene ou mendelianas que são tipicamente raras e familiares (por exemplo, hemofilia

2) Anomalias cromossómicas que são tipicamente esporádicas (exemplo, síndrome de Down)

3) Doenças multifactoriais ou doenças humanas complexas em que estão envolvidos múltiplos genes, com um papel desempenhado por factores ambientais (por exemplo, muitas malformações craniofaciais congénitas, artrite, hipertensão, muitos cancros, diabetes, osteoporose, perturbações da

ATM) e

4) Doenças genéticas somáticas adquiridas (por exemplo, muitos cancros)

HERANÇA MENDELIANA

O termo herança mendeliana aplica-se ao padrão de herança que depende do facto de o gene defeituoso fazer parte de um dos cromossomas numerados, denominado autossoma, ou do cromossoma X , que é um dos cromossomas sexuais. Também depende do facto de a mutação que torna o gene defeituoso ser "recessiva" ou "dominante".[2,17]

Os diferentes tipos de padrões de hereditariedade mendeliana são:[17]

a) Herança autossómica dominante

b) Herança Autossómica Recessiva

c) Herança dominante ligada ao X

d) Herança Recessiva ligada ao X

HEREDITARIEDADE AUTOSSÓMICA DOMINANTE

As doenças autossómicas dominantes são relevantes porque as mutações num único alelo são suficientes para causar a doença. Ao contrário das doenças recessivas, em que a patogénese da doença é relativamente simples, porque há perda da função do gene, as doenças dominantes podem ser causadas por vários mecanismos de doença, muitos dos quais são exclusivos da função da via genética envolvida.

Caraterísticas da hereditariedade autossómica dominante[18]

- Observa-se um padrão vertical na linhagem, com múltiplas gerações afectadas.
- Os heterozigotos para o alelo mutante apresentam um fenótipo anormal.
- Os homens e as mulheres são afectados com igual frequência e gravidade.
- Apenas um dos pais tem de estar afetado para que a descendência esteja em risco de desenvolver o fenótipo.
- Quando uma pessoa afetada acasala com não afetada, cada descendência tem 50% de hipóteses de herdar o fenótipo afetado. Isto é verdade independentemente do sexo do progenitor afetado - especificamente, ocorre transmissão de homem para homem.
- A frequência de casos esporádicos está positivamente associada à gravidade do fenótipo. Os fenótipos autossómicos dominantes são frequentemente dependentes da idade, menos graves do que os fenótipos autossómicos recessivos e associados a malformações ou outras caraterísticas físicas.[15,18]

HEREDITARIEDADE AUTOSSÓMICA RECESSIVA

As caraterísticas e doenças recessivas só se manifestam clinicamente se o alelo mutante estiver presente em ambos os cromossomas, ou seja, no estado homozigótico. As pessoas que têm um gene defeituoso num cromossoma e uma cópia correta desse gene no outro cromossoma parceiro, ou seja, heterozigótico, são consideradas "portadoras" do gene defeituoso de uma determinada doença e não são afectadas por essa doença. Por exemplo, a Talassemia.

A Hereditariedade Autossómica Recessiva apresenta certas caraterísticas como:

- Os homens e as mulheres são igualmente afectados.
- Transmissão horizontal - Os indivíduos afectados são normalmente vistos apenas numa única geração, mas não em gerações anteriores.
- A consanguinidade dos pais pode levar a uma maior ocorrência de doenças autossómicas recessivas.[11]

HEREDITARIEDADE LIGADA AO X

Este tipo de herança refere-se ao padrão de herança de um gene defeituoso (mutado) que está localizado no cromossoma X (genes ligados ao X). Os homens têm um cromossoma Y e um cromossoma X e, por isso, têm apenas uma cópia dos genes que compõem o cromossoma X. Uma vez que a fêmea tem dois cromossomas X, pode ser heterozigótica ou homozigótica para o gene mutante e a caraterística pode apresentar uma expressão recessiva ou dominante.[11,13]

HEREDITARIEDADE DOMINANTE LIGADA AO X

Homens e mulheres afectados, mas frequentemente com um excesso de mulheres. As mulheres são menos gravemente afectadas do que os homens. Os homens afectados podem transmitir a doença às suas filhas, mas não aos filhos. Por exemplo, síndroma de Rett .[11,13]

HEREDITARIEDADE RECESSIVA LIGADA AO X

Os machos são normalmente afectados. Transmitida através de fêmeas não afectadas ou portadoras. Os homens podem transmitir às suas filhas, mas não podem transmitir a doença aos seus filhos, ou seja, não há transmissão de homem para homem. Exemplo: hemofilia.[13]

SÍNDROMES DE ANOMALIAS CROMOSSÓMICAS

Normalmente existem 23 pares de cromossomas (46 no total) em todas as células do corpo, exceto no óvulo e no esperma. Durante a formação do óvulo ou do espermatozoide, os pares separam-se de modo a que apenas uma cópia de cada um dos 23 pares de cromossomas se encontre normalmente em cada óvulo ou . Por vezes, ocorrem erros na separação dos pares de cromossomas quando os óvulos ou espermatozóides são formados. O resultado é que alguns dos óvulos ou espermatozóides podem ter um cromossoma extra (24 cromossomas) ou a perda de um cromossoma (resultando em 22 cromossomas).[25]

Quando um espermatozoide ou um óvulo que contém os 23 cromossomas habituais se combinam na conceção com um óvulo ou espermatozoide que contém um número de cromossomas alterado, o resultado é um embrião com um número de cromossomas demasiado pequeno ou demasiado grande, por exemplo, 47 ou 45 em vez dos 46 habituais.

RESUMO

A genética molecular é o estudo dos genes, do ADN, do ARN e das proteínas que trabalham em conjunto para criar e funcionar nas células e nos organismos. Os princípios básicos da genética molecular incluem:

ADN um ácido nucleico longo que contém o material genético para todas as caraterísticas hereditárias

Empacotamento do ADN nos cromossomas

Os genes são partes do ADN que codificam os polipéptidos

Dogma central que é o fluxo de informação genética do ADN para o ARN e depois para as proteínas

A transcrição é o processo de transferência de informação do ADN para o nível proteico, que começa com a transcrição de um gene para ARNm.

A tradução é o processo em que a molécula de ARNm madura é traduzida em proteínas

A variação genética refere-se a diferenças nos genes entre indivíduos ou populações

A sequenciação do ADN ajuda a compreender a forma como os genes contribuem para as doenças

A tecnologia de ADN recombinante ajuda a manipular o ADN utilizando enzimas de restrição e transcriptase reversa.

Referências:

1. R. Tyagi, N. Khuler, A. Sharma, et al., "Genetic basis of dental disorders: a review," Journal of Oral Health and Community Dentistry, vol. 2, no. 3, pp. 55-61, 2008.

2. Le Dinh Luong. Fundamentos científicos da genética A- Princípios básicos da genética. Universidade Nacional do Vietname. outubro de 1975: www.genetics.com

3. Townsend G.C., Aldred M.J. e Bartold P.M. (1998) "Genetic aspects of dental disorders". Aust Dent J; 43(4): 269-86.

4. Genética humana - Wikipedia, a enciclopédia livre.

5. Kavitha B, Priyadharshini V, Sivapathasundharam B, Saraswathi TR. Papel dos genes nas doenças oro-dentárias. Indian J Dent Res. 2010 Apr - Jun; 21 (2):270-4

6. Kouskoura T, Fragou N, Alexiou M, John N, Sommer L, Graf D, Katsaros C, Mitsiadis TA. A base genética das anomalias craniofaciais e dentárias. Schweiz Monatsschr Zahnmed. 2011; 121 (7-8):636-46.

7. Bailleul-Forestier I, Molla M, Verloes A, Berdal A.The genetic basis of inherited anomalies of the teeth. Parte 1: aspectos clínicos e moleculares das doenças dentárias não sindrómicas. Eur J Med Genet. 2008 Jul-Ago; 51(4):273-91.

8. M. Tavasolli. A teoria celular: um alicerce para o edifício da biologia. Am J Pathol. 1980 Jan; 98(1): 44.

9. Manual de genética. Departamento de Saúde e Serviços Humanos.

Biblioteca Nacional de Medicina dos EUA. Institutos Nacionais de Saúde; junho de 2014: Pg. 1-171.

10. Genes e cromossomas disponíveis em www.genetics.com acedido em outubro de 2006.

11. Peter D. Turnpenny, Sian Ellard. Emery's elements of medical genetics. 13ª edição.

12. Alterações nos cromossomas - Número e tamanho disponível em www.genetics.com acedido em outubro de 2006.

13. X -linked inheritance disponível em www.genetics.com acedido em outubro de 2006.

14. Mutações nos genes disponíveis em www.genetics.com acedido em outubro de 2006.

15. Michael Glick. Medicina Oral de Burket. Editora Médica do Povo; 12ª edição. 2015

16. Ghergie M, Cocîrla E, Lupan I, Kelemen BS, Popescu O. Genes e distúrbios dentários. Clujul Medical 2013; 86(3):196-9.

17. Padrão de herança mendeliana disponível em www.genetics.com acedido em outubro de 2006.

18. Herança autossómica dominante disponível em www.genetics.com acedido em outubro de 2006.

FSC
www.fsc.org
MIX
Papier aus verantwortungsvollen Quellen
Paper from responsible sources
FSC® C105338

Printed by Books on Demand GmbH, Norderstedt / Germany